BEI GRIN MACHT SICH IHR
WISSEN BEZAHLT

- Wir veröffentlichen Ihre Hausarbeit,
  Bachelor- und Masterarbeit

- Ihr eigenes eBook und Buch -
  weltweit in allen wichtigen Shops

- Verdienen Sie an jedem Verkauf

Jetzt bei www.GRIN.com hochladen
und kostenlos publizieren

Anonym

Abfallwirtschaftsplanung: Rechtliche Grundlagen, Definition, Praxisbeispiel

GRIN Verlag

Bibliografische Information der Deutschen Nationalbibliothek:

Die Deutsche Bibliothek verzeichnet diese Publikation in der Deutschen National-
bibliografie; detaillierte bibliografische Daten sind im Internet über http://dnb.d-
nb.de/ abrufbar.

Impressum:

Copyright © 2008 GRIN Verlag GmbH
Druck und Bindung: Books on Demand GmbH, Norderstedt Germany
ISBN: 978-3-640-44013-9

Dieses Buch bei GRIN:

http://www.grin.com/de/e-book/135976/abfallwirtschaftsplanung-rechtliche-
grundlagen-definition-praxisbeispiel

GRIN - Your knowledge has value

Der GRIN Verlag publiziert seit 1998 wissenschaftliche Arbeiten von Studenten, Hochschullehrern und anderen Akademikern als eBook und gedrucktes Buch. Die Verlagswebsite www.grin.com ist die ideale Plattform zur Veröffentlichung von Hausarbeiten, Abschlussarbeiten, wissenschaftlichen Aufsätzen, Dissertationen und Fachbüchern.

Besuchen Sie uns im Internet:

http://www.grin.com/

http://www.facebook.com/grincom

http://www.twitter.com/grin_com

Johannes Gutenberg-Universität Mainz

Geographisches Institut

Wintersemester 2007/08

Grundlagen und Aufgaben räumlicher Planung

Abgabe: 15. Juli 2008

Abfallwirtschaftsplanung:
Rechtliche Rahmenbedingungen, Definition,
Praxisbeispiel

Studienfächer:

Geographie (Diplom) 4. FS

Soziologie (NF) 2. FS

Rechtswissenschaft (NF) 2. FS

Inhaltsverzeichnis

1. Hintergründe zur Entwicklung des Abfallrechts

1.1. Gestiegenes Abfallaufkommen durch vermehrten Konsum

„Seit Beginn der 60er Jahre haben verschiedene Faktoren – z. B. sprunghaft steigende Abfallmengen, sich verändernde Abfallzusammensetzungen, knapper werdende Beseitigungsmöglichkeiten und ein allmählich erwachendes Umweltbewusstsein – die Gesetzgeber in Bund und Ländern dazu veranlasst, die Abfallbeseitigung als einen elementaren Bestandteil der Daseinvorsorge zu erkennen, den es generell zu ordnen galt" (SINNER 1995: 2).

Die Gründe für dieses veränderte Abfallaufkommen liegen in einem veränderten Produktions- und Konsumverhalten: Durch die Verbreitung von gedruckten und elektronischen Medien, gewann die Präsentation von Produkten massiv an Bedeutung, was mit gestiegenem Verpackungsabfall einherging. Außerdem hat der Konsum an sich eine Bedeutungsverschiebung erfahren. Während die Nachkriegsgeneration von Sparsamkeit und Bescheidenheit in ihrem Konsumverhalten geprägt war, ist seit dem „Wirtschaftswunder" in den 50er Jahren Konsumhunger und Statusdenken entscheidend. Gegenstände des alltäglichen Bedarfs werden durch die gestiegene Kaufkraft vermehrt angehäuft, verlieren aber schnell an Wert und werden weggeworfen. Es werden immer mehr Produkte entwickelt, die der einmaligen Verwendung gedacht sind („Wegwerfprodukte"). Außerdem fallen bei der Herstellung dieser breiten Produktpaletten immer mehr und neue Abfallprodukte an, die auch besondere Formen der Bewältigung erfordern. (vgl. SINNER 1995: 2 f.)

1.2. Das Prinzip der Nachhaltigkeit in der Abfallwirtschaftsplanung

1987 veröffentlichte die Weltkommission für Umwelt und Entwicklung (Brundtland-Kommission), welche von den Vereinten Nationen ihren Auftrag erhielt, langfristige Perspektiven für eine Entwicklungspolitik aufzuzeigen, das Dokument „Unsere gemeinsame Zukunft". Hier wurde der Leitgedanke der nachhaltigen Entwicklung erstmals in die internationale Politik eingeführt: „Entwicklung zukunftsfähig zu machen, heißt, dass die gegenwärtige Generation ihre Bedürfnisse befriedigt, ohne die Fähigkeit der zukünftigen Generation zu gefährden, ihre eigenen Bedürfnisse befriedigen zu können." Um diesem Leitgedanken gerecht werden zu können, wurde 1992 beim Weltgipfel in Rio de Janeiro ein internationales Aktionsprogramm verabschiedet: die Agenda 21. Alle Politikbereiche sind angehalten an einer sozialen, ökonomischen und ökologisch nachhaltigen Entwicklung mitzuwirken. Im Artikel 28 der Agenda 21 („Lokale-Agenda-21") werden Kommunen als wichtige Akteure bei der Gestaltung der weltweiten Entwicklung benannt. Sie entscheiden vor Ort über die Nutzung von Ressourcen und organisieren die Lebensumgebung der Bewohner. In Zusammenarbeit mit der Bevölkerung können Kommunen auf lokaler Ebene Konzepte erstellen, die einer nachhaltigen Entwicklung förderlich sind.

Ausgehend von diesen Entwicklungen sollen in der vorliegenden Arbeit nun die rechtlichen Rahmenbedingungen der Abfallwirtschaft in Deutschland auf den verschiedenen Ebenen (Europa, Bund, Länder, Kommunen) thematisiert werden. Anschließend soll der Weg der Abfallwirtschaft zur nachhaltigen Kreislaufwirtschaft erklärt und am Beispiel des Heizkraftwerks in Mainz auf der Ingelheimer Aue aufgezeigt werden.

2. Rechtliche Grundlagen der Abfallwirtschaftsplanung

Das Recht der Abfallentsorgung wurde lange Zeit eher vernachlässigt. „Bis Anfang der 70er Jahre war die Hausmüllabfuhr Angelegenheit der Gemeinden und fand ihre rechtliche Regelung in kommunalen Satzungen. Die Beseitigung der sonstigen Abfälle (aus Gewerbe, Industrie usw.) war dem Besitzer überlassen und lediglich einigen Verbotsnormen des Wasser-, Immissionsschutz- und Baurechts unterworfen" (SINNER 1995: 2). Die alarmierend hohen Abfallberge auf den Deponien erforderten jedoch ein grundlegendes Umdenken sowie eine geschlossene Gesetzgebung. Heute existieren von der Ebene der EU bis zu den einzelnen Kommunen abfallrechtliche Regelwerke, welche im Folgenden kurz erläutert werden sollen.

2.1. Europäisches Abfallrecht

Die Verordnungen, zahlreichen Richtlinien sowie Entscheidungen von Kommissionen der EU fließen sehr stark in die nationale Gesetzgebung ein. Die Abfallrahmenrichtlinie 75/442/EWG des Europäischen Rates vom 15. Juli 1975 gibt in Art. 3 den Mitgliedsstaaten vor, dass sie in erster Linie die Erzeugung von Abfällen verringern bzw. die Gefahren die von den Abfällen ausgehen eindämmen sollen. In zweiter Linie sollen Abfälle auf dem Wege der Rückführung oder Wiederverwertung zur Gewinnung sekundärer Rohstoffe oder zur Energiegewinnung dienen. Des Weiteren werden allgemeine Prinzipien der Abfallverwertung und Abfallbeseitigung aufgezeigt. Danach müssen die menschliche Gesundheit, Wasser, Luft, Boden und die Tier- und Pflanzenwelt geschützt, Geräusch- oder Geruchsbelästigungen verhindert, das Landschaftsbild bewahrt und die unkontrollierte Ablagerung, Ableitung oder Beseitigung von Abfällen verhindert werden.

Am 21. Dezember 2005 wurde eine Novelle der über 30 Jahre alten Abfallrahmenrichtlinie vorgelegt. Durch die Änderungen soll der Umwelt-, Klima- und Ressourcenschutz in der Abfallgesetzgebung stärker verankert werden. Am 17.06.2008 hat das Europäische Parlament der Novelle in zweiter Lesung zugestimmt. Die Abfallbeseitigung, also die unvorbehandelte Deponierung von Abfällen, soll nicht mehr gestattet sein. Die Abfallvermeidung soll noch stärker als bisher im Mittelpunkt stehen.

2.2. Abfallrecht auf Bundesebene

Wichtigste Rechtsquelle auf der Ebene des Bundesabfallrechts ist das Kreislaufwirtschafts- und Abfallgesetz (KrW-/AbfG). „Das Gesetz zielt auf die Produktion von möglichst abfallarmen, also langlebigen, mehrfach verwendbaren, reparaturfreundlichen oder jedenfalls verwertungs-freundlichen Produkten ab. Weitere Ziele sind:

- Die Verringerung von Abfällen durch die Änderung von Produktionsverfahren, z. B. Kreislaufführung und Rückgewinnung von Einsatzstoffen
- eine möglichst hochwertige energetische Verwertung von Abfällen und zuletzt
- eine dauerhaft sichere Ablagerung von Abfällen" (HEIß-ZIEGLER/ LECHNER/ MOSTBAUER 2004: 31).

Hier wird deutlich, dass das Kreislaufwirtschafts- und Abfallgesetz in Übereinstimmung zum europäischen Recht formuliert wurde. Die Verwertung von Abfällen hat gemäß § 5 Abs. 2 KrW-/AbfG Vorrang vor deren Beseitigung. Das KrW-/AbfG nimmt für die Entsorgung der Abfälle nicht nur die öffentlich-rechtlichen Entsorgungsträger in die Pflicht. Vielmehr sind die Erzeuger und Besitzer von Abfällen auch für die Entsorgung verantwortlich.

2.2.1. TA Siedlungsabfall – Das Ende der Deponie

Die Technische Anleitung Siedlungsabfall (TASi) ist eine allgemeine Verwaltungsvorschrift, welche 1993 verabschiedet wurde. Mit diesem Rechtsakt schuf man neue Verhältnisse in der Abfallwirtschaft: das Ablagern unvorbehandelter Abfälle in Deutschland ist seit dem 1. Juni 2005 verboten. Da die Vorbehandlung von Restmüll sehr aufwendig ist, haben sich viele Deponien nicht mehr rentiert. Man suchte nach Alternativen zur Abfallbeseitigung und fand sie in Müllverbrennungs- bzw. in mechanisch-biologischen Abfallbehandlungsanlagen. Die bis dahin praktizierte Ablagerung von unbehandelten Siedlungsabfällen auf unzureichend abgedichteten Deponien führte zu Verunreinigungen des Bodens, der Oberflächengewässer und des Grundwassers. Außerdem wird klimaschädigendes Deponiegas freigesetzt. Nachbarn von Anlagen klagten über Belästigungen durch Gerüche, Staub, umherfliegendes Papier und Kunststofffolien" (vgl. UMWELTBUNDESAMT 2004: 2).

2.2.2. Umweltverträglichkeitsprüfung

„Das Gesetz über die Umweltverträglichkeitsprüfung (UVPG) verlangt die Untersuchung der Umweltverträglichkeit bei nahezu allen genehmigungsbedürftigen Anlagen. (…) Die Umweltverträglichkeitsprüfung umfasst die Ermittlung, Beschreibung und Bewertung der Auswirkungen eines Vorhabens auf

* Menschen, Tiere und Pflanzen, Boden, Wasser, Luft, Klima und Landschaft, einschließlich der jeweiligen Wechselwirkungen,

* Kultur- und sonstige Sachgüter" (KRÜGER 2001: 10).

2.3. Das Landesabfallgesetz

Das Abfallrecht ist auf Bundesebene nicht abschließend geregelt, weshalb es Ausführungsgesetzen der einzelnen Bundesländer bedarf. Die Landesgesetze konkretisieren die Inhalte der Bundesgesetze und bestimmen den genauen Umfang der Aufgaben der Entsorgungsträger. Sie sind verantwortlich für

* die Organisation der Abfallentsorgung,

* die Bestimmung der entsorgungspflichtigen Körperschaften und der Vollzugsbehörden

* Abfallwirtschaftsplanung,

* Fragen der Verantwortlichkeit von Altlasten und Altstandorten als auch der

* Finanzierung.

In §6 und §7 des Landesabfallwirtschaftsgesetz (LAbfWG) von Rheinland-Pfalz vom 2. April 1998, zuletzt geändert am geändert am 21.12.2007, sind die öffentlich-rechtlichen Entsorgungsträger dazu angehalten Abfallwirtschaftskonzepte und -bilanzen zu erstellen. In §11 LAbfWG wird festgelegt, dass die öffentlich-rechtlichen Entsorgungsträger, bzw. die obersten Abfallbehörden einen Abfallwirtschaftsplan zu erstellen haben: „Der Abfallwirtschaftsplan kann neben dem in § 29 Abs. 1 KrW-/AbfG bezeichneten Planinhalt weitere Ausweisungen und Darstellungen zur Kreislaufwirtschaft und zur Abfallbeseitigung enthalten. Er soll insbesondere die von den Entsorgungsträgern ausgewählten Flächen für Abfallbeseitigungsanlagen ausweisen, sofern diese erforderlich sind und nach den Angaben der Entsorgungsträger für den vorgesehenen Nutzungszweck geeignet erscheinen. Soweit Raumordnungsverfahren erforderlich sind, sollen diese vor Aufnahme der Abfallbeseitigungsanlage in den Abfallwirtschaftsplan durchgeführt werden." Der Abfallwirtschaftsplan ist jeweils für fünf Jahre gültig und muss anschließen neu erstellt, bzw. fortgeschrieben werden. Die Abfallwirtschaftskonzepte, -bilanzen und -pläne sind Monitoring- und Planungsinstrumente. Sie sollen dem jeweiligen öffentlichen Entsorgungsträger helfen das Abfallaufkommen zu erfassen und die umweltverträglichsten (im Sinne des KrW-/AbfG), aber auch wirtschaftlichsten Maßnahmen entsprechend des Abfallaufkommens herauszufinden.

2.4. Kommunale Abfallsatzungen

Die Kreise und kreisfreien Städte sind letzten Endes diejenigen, die den Abfall entsorgen. Ihnen untersteht das Recht der Selbstverwaltung. Sie können eigenverantwortlich die Organisation der Abfallentsorgung im Zuständigkeitsbereich der Städte und Gemeinden regeln. Im Wesentlichen beziehen sie sich auf hausmüllähnliche Abfälle, welche die privaten Haushalte sowie das Gewerbe betreffen. Sie erstellen Vorgaben und Richtlinien zu den Sammelbehältern, den Abfallarten, dem Einsammelverfahren, den Gebühren als auch zu den Pflichten und Rechten der Abfallerzeuger und -entsorger.

3. Auf dem Weg zu einer nachhaltigen Abfallwirtschaft

3.1. Technische Entwicklungen in der Abfallwirtschaft

Analog zu den rechtlichen Rahmenbedingungen, haben sich in logischer Konsequenz auch die technischen Instrumente der Abfallwirtschaft entwickelt. Mit der zunehmenden Verbindlichkeit und Strenge der Gesetzgebung wurde die Bereitschaft und die Motivation nach nachhaltigen Alternativen zu suchen bestärkt. Zwar wurden die umweltschädigenden Folgen der Deponierung immer deutlicher, allerdings befürchtete man, dass Alternativen, wie z. B. die Müllverbrennung, noch schädlicher sein könnten. Außerdem bedeutet die Umstellung der Abfallwirtschaft auch die Bereitstellung von massiven Investitionen. Aus diesem Grund hat man lange versucht, die gesetzlichen Vorgaben zu umgehen, bzw. Rechtslücken zu nutzen.

„In den 1970er-Jahren wurden zunächst Technologien entwickelt, die lediglich eine Reduzierung oder Beseitigung der infolge des Produktionsprozesses entstandenen Verschmutzungen zum Ziel hatten, aber nicht die Ursachen für die entstandenen negativen Auswirkungen bekämpften. Nach dieser Phase des nachsorgenden Umweltschutzes, der auch als „End-of-Pipe"-Ansatz bezeichnet wird, entwickelte man in den 1980er-Jahren einen Ansatz zum vorsorgenden Umweltschutz, bei dem durch technische und organisatorische Maßnahmen schädliche Emissionen bereits während des Produktionsprozesses vermieden werden. Diese innerbetriebliche Optimierung von Material- und Energieströmen wird auch als „Cleaner Production" bezeichnet und häufig durch Instrumente wie Umweltmanagementsysteme (ISO 14001, EMAS), Ökobilanzen oder Lebenszyklusanalysen („Life Cycle Assessment") begleitet" (MINISTERIUM FÜR UMWELT, FORSTEN UND VERBRAUCHERSCHUTZ / MINISTERIUM FÜR WIRTSCHAFT, VERKEHR, LANDWIRTSCHAFT UND WEINBAU 2008: 7).

3.2. Das Ziel 2020

„Das Ziel 2020 verfolgt den Ansatz, die Beseitigung von Siedlungsabfällen im Sinne der schlichten Ablagerung von Abfällen auf Deponien zugunsten einer Abfallbehandlung aufzugeben, die eine möglichst vollständige Nutzung der in den Siedlungsabfällen vorhandenen Wertstoffe und Energien gewährleistet. Die im Abfall gebundenen Schadstoffe müssen im Rahmen dieser Abfallbehandlung aufkonzentriert und aus der Biosphäre sowie dem Stoffkreislauf ausgeschleust oder zerstört werden" (Ecologic 2003: 3).

Abb. 1: Die Abfallhierachie nach der Abfallrahmenrichtlinie der EU vor der Novellierung und das Angestrebte Ziel bis 2020 (ECOLOGIC-INSTITUT 2003: 5).

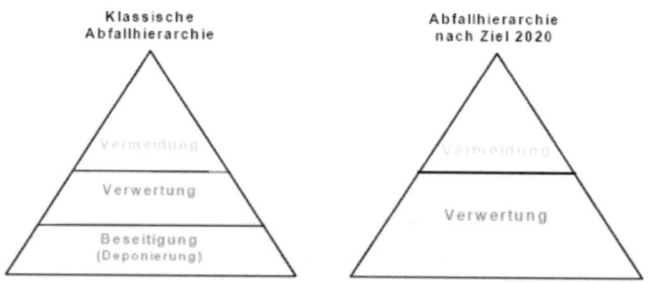

3.3. Abfallwirtschaft als Stoffkreislauf

Der Begriff des Abfalls war in der Vergangenheit immer sehr negativ belegt: ein unvermeidliches und unhygienisches Produkt, das keinem weiteren Nutzen zugeführt werden kann, und welchem man sich deshalb entledigen muss. In Zeiten immer knapper werdender Rohstoffe des voranschreitenden Klimawandels, hat sich das Verständnis für Abfall grundlegend verändert.

Abfall wird nun als eine Zusammensetzung von Stoffen verstanden, die in ihre kleinsten Einzelteile zerlegt und nach Bedarf genutzt, neu kombiniert und wieder verwendet werden können. Man versteht, dass der Erde Rohstoffe entnommen wurden, um dieses Produkt herzustellen und dieser Prozess auch wieder rückgängig gemacht werden kann. Bei der Umsetzung des Ziels 2020 im Rahmen der Restabfallbehandlung soll das stoffliche und energetische Potenzial der Abfälle stärker genutzt werden. So führt auch die energetische Nutzung von Abfällen in hochwertigen thermischen Verfahrensprozessen infolge der Einsparung von Primärenergie zu einer Reduktion klimawirksamer Emissionen. Nach Berechnungen des Umweltbundesamtes (UBA) können durch die energetische Nutzung der bisher deponierten Abfälle theoretisch ca. 4 Mio. Mg CO_2 pro Jahr eingespart werden. Die stoffliche Verwertung nutzt das roh- und werkstoffliche Potenzial der Abfälle, indem die in den Abfällen enthaltenen Wertstoffe aufbereitet und verschiedenen Einsatzzwecken zugeführt werden (vgl. VERBÜCHELN et. al. 2003: 4).

4. Praxisbeispiel: Müllheizkraftwerk Mainz

Das Müllheizkraftwerk (MHKW) in Mainz auf der Ingelheimer Aue ist eine frühe Reaktion auf die Technische Anleitung Siedlungsabfall (TASi), welche die oberirdische Ablagerung von unbehandelten Restabfällen auf Deponien seit dem 1.6.2005 verbietet. Ziel der Entsorgungsträger war es eine möglichst umweltfreundliche und nachhaltige Abfallentsorgung zu planen, die auch die Lebensqualität der Anwohner nicht einschränkt. Durch die Kopplung mit einem hochmodernen Gas- und Dampfturbinenkraftwerk wird Energie aus Abfällen zur Strom-, Prozessdampf- und Fernwärmeerzeugung gewonnen (vgl. MINISTERIUM FÜR UMWELT, FORSTEN UND VERBRAUCHERSCHUTZ / MINISTERIUM FÜR WIRTSCHAFT, VERKEHR, LANDWIRTSCHAFT UND WEINBAU 2008: 32).

Abb. 2:   Input-Output-Modell des MHKW

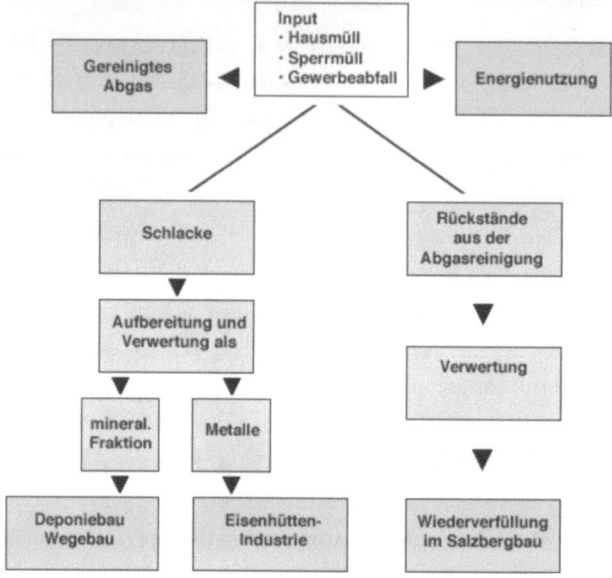

Das Modell stellt schematisch dar, wie das Müllheizkraftwerk im Sinne der Kreislaufwirtschaft funktioniert:

Der angelieferte und durch die Getrenntsammlung bereits zum größten Teil sortierte Abfall (Hausmüll, Sperrmüll und Gewerbeabfall) wird verbrannt. Das schadstoffreiche Abgas wird durch chemische Waschprozesse „neutralisiert", also so gereinigt, dass es ein Mindestmaß an CO^2 enthält und in die Umwelt abgegeben werden kann. Die durch die Verbrennung entstehende Wärmeenergie kann z. B. zur Stromerzeugung genutzt werden. Des Weiteren entstehen zwei Nebenprodukte. Nach der Verbrennung bleiben nicht brennbare Rückstände (Metalloxide), welche allgemein als Schlacke bezeichnet werden, zurück. Diese können z. B. nach weiterer Aufbereitung in der Eisenhüttenindustrie genutzt werden. Außerdem verbleiben Rückstände aus der Abgasreinigung, welche ebenfalls einer weiteren Verwertung zugeführt werden können.

5. Fazit

Die Bundesregierung kündigt ein neues Zeitalter der Abfallwirtschaft an (vgl. PRESSE- UND INFORMATIONSAMT DER BUNDESREGIERUNG 2005). Zahlreiche Neuerungen im Bereich des Abfallwirtschaftsrechts auf allen Ebenen und der Abfallentsorgungstechnik untermauern diese Aussage. Die Abfallbeseitigung soll auf ein Mindestmaß reduziert werden, im besten Fall sogar durch Vermeidung und Verwertung bis 2020 ganz verdrängt werden. „Etwa 200 ökologisch bedenkliche Altdeponien werden nun kurzfristig geschlossen. Weitere schließen 2009. Dagegen steigt die Zahl der Müllverbrennungsanlagen von 48 (1990) auf 72 im Jahr 2007. Die thermische Behandlungskapazität wird damit gegenüber 1990 nahezu verdoppelt. Hinzu kommen zahlreiche Kompostwerke, Vergärungsanlagen und andere Abfallverwertungsanlagen, die in den letzten Jahren errichtet worden sind" (ebd.).

Damit wird dem Ziel der nachhaltigen Entwicklung innerhalb der Abfallwirtschaft zunehmend Rechnung getragen. Meines Erachtens sind diese rechtlichen, politischen und technologischen Fortschritte in der Abfallwirtschaft zu begrüßen. Inwiefern die Ziele jedoch bis 2020 verwirklicht werden können, kann man nur schwer beurteilen. Das Müllheizkraftwerk in Mainz auf der Ingelheimer Aue ist, insofern ich das beurteilen kann, ein richtungweisendes und gelungenes Beispiel für räumliche Fachplanung, das zu einer besseren Lebensqualität in der Region beiträgt.

6. Quellenverzeichnis

ECOLOGIC-INSTITUT FÜR INTERNATIONALE UND EUROPÄISCHE UMWELTPOLITIK (Hrsg.) (2003): Strategie für die Zukunft der Siedlungsabfallentsorgung (Ziel 2020). Kurzfassung. FuE-Vorhaben 201 32 324für das Umweltbundesamt im Rahmen des UFOPLAN 2003. Berlin.

ENTSORGUNGSGESELLSCHAFT MAINZ MBH (2003): Verfahrensablauf. Internet: http://www.mhkw-mainz.de/anlagetechnik/index.php (13.7.2008).

HEIß-ZIEGLER, C., P. LECHNER und P. MOSTBAUER (2004): Endlager Deponie. Gesetzliche Rahmenbedingungen und Stellenwert der Ablagerung in der Abfallwirtschaft. In: LECHNER, P. (Hrsg.): Kommunale Abfallentsorgung. Wien: 31.

KRÜGER, F. (2001): Kommunale Abfallwirtschaftskonzepte unter besonderer Berücksichtigung der Ökologie. Berlin.

MINISTERIUM FÜR UMWELT, FORSTEN UND VERBRAUCHERSCHUTZ / MINISTERIUM FÜR WIRTSCHAFT, VERKEHR, LANDWIRTSCHAFT UND WEINBAU RHEINLAND-PFALZ (2008): Kreislaufwirtschaftsland Rheinland-Pfalz. Mainz.

PRESSE- UND INFORMATIONSAMT DER BUNDESREGIERUNG (Hrsg.) (2005): Neues Zeitalter der Müllentsorgung beginnt. 01.06.2005. Berlin.

SINNER, W. (1995): Die Suche, Feststellung und Durchsetzung von Standorten für Abfallentsorgungsanlagen durch Abfallentsorgungsplanung. Augsburg.

UMWELTBUNDESAMT (Hrsg.) (2004): Siedlungsabfallentsorgung 2005. Stand - Handlungsbedarf - Perspektiven. –Noch ein Jahr Übergangsfrist, die Zeit läuft ab –.1.6.2004. Berlin.